AF400065

Comprendre la relativité

FSC
www.fsc.org
MIXTE
Papier issu
de sources
responsables
Paper from
responsible sources
FSC® C105338

A ma mère,

A Einstein

Citations d'Einstein

« Si une idée ne paraît pas d'abord absurde, alors il n'y a
aucun espoir qu'elle devienne quelque chose. »

« Depuis que les mathématiciens ont envahi la théorie
de la relativité, je n'y comprends moi-même plus rien »

Présentation

Le principe de la relativité du mouvement a été décrit par Galilée. C'est un phénomène surprenant : si nous sommes en mouvement relatif, nous ne ressentons ou n'observons aucun phénomène de nature à ce que nous puissions savoir que nous sommes en mouvement, sauf à disposer d'un repère que nous déclarons fixe. Et encore, il n'est possible de savoir si c'est nous ou lui qui se déplace. La relativité du mouvement nous prive de repère fixe, sauf à le choisir par convention.

Généralement, nous n'avons pas de problème, nous savons que, sur Terre, les routes, les maisons, les arbres, les rochers sont des repères immobiles. Dans un train ou un avion, il suffit de regarder défiler la nature pour savoir que nous sommes en mouvement par rapport à la Terre. Dans un train en gare à côté d'un autre train, il arrive que nous nous rendions compte que notre wagon se met lentement en route et nous réalisons qu'en réalité, c'est l'autre train qui part en sens inverse. Un exemple important de la notion de relativité du mouvement.

En avion, si nous fermons les rideaux des hublots, nous nous retrouvons dans une cabine avec des sièges et un couloir immobile, et si nous faisons tomber un objet, il tombe à nos pieds, il reste immobile par rapport à nous pendant sa chute. Évidemment, les perturbations atmosphériques ou les phases de décollage ou d'atterrissage nous rappellent que nous sommes en mouvement.

Avec la découverte des ondes électromagnétiques dont fait partie la lumière, une grande difficulté est apparue. Quel était l'élément qui servait de support à ces ondes qui voyageaient dans le vide interplanétaire et interstellaire, puisque la lumière et la chaleur du soleil nous parvenaient, ainsi que, la nuit, la lumière des étoiles ?

Au dix-neuvième siècle, tous les physiciens sérieux savaient que les ondes qui, à l'origine, désignent l'eau, de préférence claire et pure, où se baignaient les ondines, ou bien les sons qui se propagent dans l'air et certains matériaux, avaient besoin d'un support pour se propager. Ils ont donc recherché ce support, et c'est là que tout a disjoncté ! Mot approprié pour parler d'électricité.

Nous vous prions d'attacher vos ceintures, des turbulences sont prévues sur ce vol.

La relativité de Galilée

A l'origine Aristote, vers 350 av J.C. a démontré l'immobilité de la Terre en s'appuyant sur le fait que si un objet tombe au sol, si la Terre bougeait, pendant sa chute elle se déplacerait et l'objet tomberait plus loin du point d'où il est parti

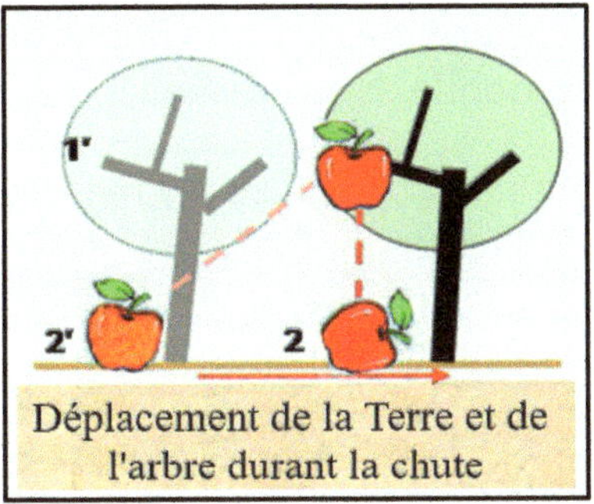

Déplacement de la Terre et de l'arbre durant la chute

Depuis nous savons que cela est faux. C'est Giordano Bruno qui un peu avant 1600 a remarqué qu'un objet qui tombait du haut du mat d'un bateau avançant sous bonne brise, tombait au pied du mat au lieu de tomber à l'arrière du bateau.

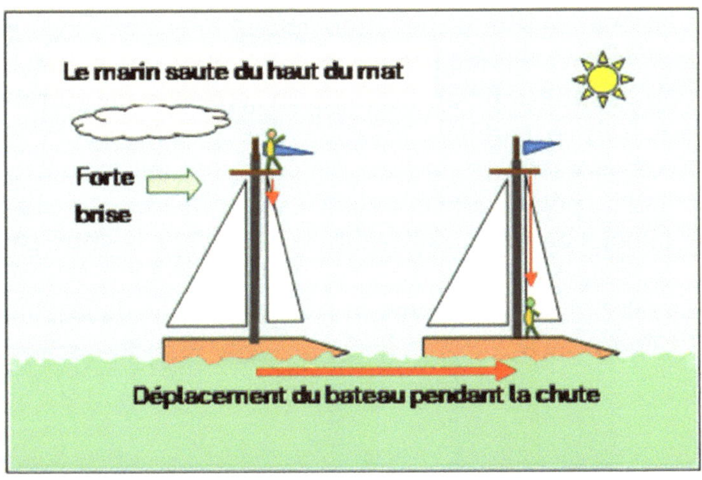

Galilée a repris l'idée en évitant de citer Giordano Bruno que la sainte église catholique avait brûlé vif, mais en décrivant ce qui se passe dans la cabine du capitaine et qui est identique que le bateau avance ou pas. La vitesse acquise par des objets entraînés dans un mouvement ne cesse pas et reste identique tant qu'aucune force ne s'y oppose, ce qui fait que, pendant leur chute, les objets conservent leur vitesse initiale et accompagnent l'objet qui les a mis en mouvement.

Galilée en a déduit que quel que soit votre vitesse, si vous ne voyez pas un autre référentiel à une vitesse différente de la vôtre, vous vous croyez immobile. Nous disons :

<< le mouvement à vitesse constante en ligne droite est toujours relatif à un référentiel extérieur qui à une vitesse différente et qui sera déclaré immobile par convention, ou, vous vous déclarerez immobile par convection et ce sera lui qui se déplacera à la vitesse opposée. >>

Pas de malentendu : nous ne sommes pas immobiles puisque les autres peuvent voir le mouvement de notre référentiel, mais localement, nous pouvons considérer que nous le sommes, et réciproquement pour nos observateurs. Certaines expériences, comme le pendule de Foucault ou le gyroscope, permettent de détecter que nous sommes en mouvement. Nous ne développerons pas ces aspects ici, ils sont liés à la gravitation qui fait que notre chute libre n'est pas une ligne droite, mais un cercle ou une ellipse. Elle se transformerait en parabole si la gravitation solaire augmentait, et nous nous écraserions sur lui, ou en hyperbole si notre vitesse augmentait au point d'atteindre la vitesse de libération de l'attraction solaire, et nous partirions à l'aventure au travers de notre galaxie.

La relativité du mouvement induit la notion de localité.

James Clerk Maxwell

La lumière est une onde électromagnétisme

James Clerk Maxwell unifie les lois de l'électricité et du magnétisme et fonde l'électromagnétisme : Les équations de Maxwell :

Gauss   div E = $\varrho/\varepsilon 0$
Faraday   rot E = - $\partial B / \partial t$
Thomson   div B = 0
Ampère   rot B = $\mu 0$ j+$\mu 0$ $\varepsilon 0$ $\partial E/\partial t$

Maxwell remarque que la variation d'un champ magnétique crée un champ électrique, (Faraday) et que la variation d'un champ électrique crée un champ magnétique (Ampère) il en déduit que des ondes électromagnétiques peuvent être produites dans certaines conditions. Il calcul la vitesse de ces ondes à partir de la permittivité électrique et la perméabilité magnétique du vide, $\varepsilon 0$ et $\mu 0$:

$$c_0 = \frac{1}{\sqrt{\varepsilon_0 \cdot \mu_0}}$$

Il trouve 310 740 km/s puis 288 000 km/s. Ce qui est proche de la vitesse de la lumière calculée par les astronomes, puis mesurée sur Terre par Fizeau et Foucault. Il établit que la lumière est bien une onde, une onde électromagnétique.

Nota les indices "0" correspondent à ce que Maxwell appelle le vide nous nous permettons de supposer que dans un vide absolu, ces valeurs seraient nulles et que de ce fait la vitesse des ondes électromagnétiques tendraient vers l'infini, toutefois dans la mesure où elles pourraient s'y propager ?

Curieusement, nos recherches sur internet n'ont pas retrouvé la formule originale que nous présentons. Que la vitesse de la lumière puisse dépendre de caractéristiques physiques de ce qu'on appelle le vide semble gêner. On calcule maintenant leurs valeurs à partir de la vitesse de la lumière. Pourtant, le vide est rempli d'énergie et de fluctuations dites quantiques, et il s'agit d'une quantité d'énergie gigantesque.

L'éther du 19è siècle

Au 19è siècle, les physiciens étaient convaincus de la nécessité d'un support pour des ondes et décidèrent d'appeler le support des ondes électromagnétiques « éther »[1] en l'honneur d'Aristote et de son cinquième élément. Il était évident que ce n'était pas la quintessence domaine des dieux. N'insultons pas les physiciens du 19è siècle, ils nous ont fait progresser de façon magnifiques.

Descartes lui-même s'y était intéressé et avait imaginé qu'il tourbillonnait et entrainait les planètes avec lui. On peut en sourire.

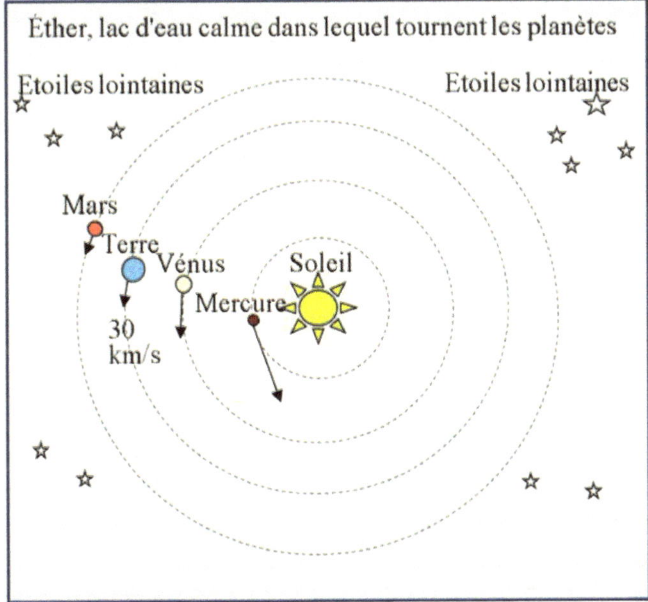

L'éther fut placé dans le référentiel de l'univers, immobile avec le Soleil et les étoiles fixes. Ce fut l'erreur fatale.

Les galaxies ne seront découverte qu'au début du vingtième siècle, entre 1920 et 1930.

Michelson et Morley chercheront à mettre en évidence le mouvement de la Terre par rapport à l'éther sans succès.

Michelson

Morley

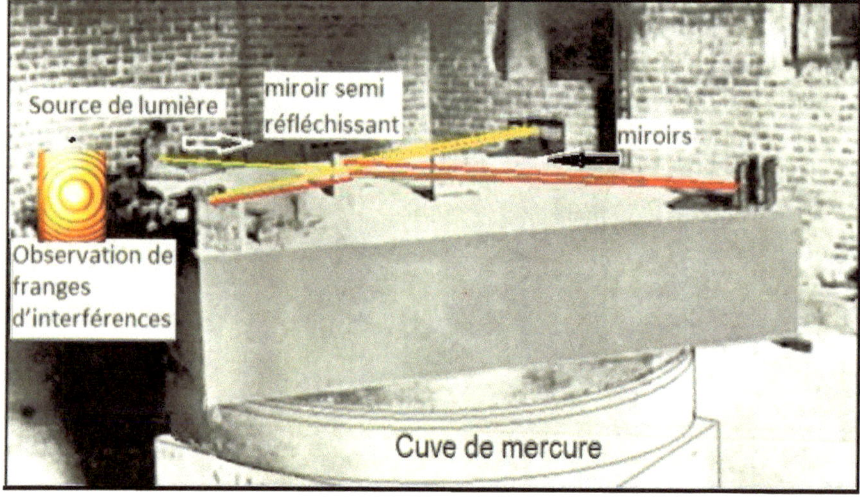

Interféromètre installé dans une cave à l'abris des vibrations, un bloc de béton flottant sur une cuve remplie de mercure[2]

Le fait de ne pas détecter le mouvement de la Terre ne prouve pas que l'éther n'existe pas. Il reste trois possibilités : soit il accompagne la Terre, soit il est partout immobile, soit il n'existe pas. Einstein choisira la troisième solution, mais sans s'en rendre compte, il adoptera également la seconde en faisant de la vitesse de la lumière une constante universelle, la même dans tous les référentiels. Cette dernière remarque établit le fait que l'éther n'est pas contraire à la théorie d'Albert. Il expliquerait même son deuxième postulat, mais l'immobilité dans tous le sréférentiels semble imposible, et même absurde.

Les précurseurs

Oliver Heaviside[3] réduit les 20 équations de Maxwell à 4. Il calcule les déformations des champs électrique et magnétique au voisinage d'une charge en mouvement, et ce qu'il se passe lorsqu'elle pénètre un milieu plus dense. On y trouve l'idée de la contraction du champ électrostatique sphérique d'un électron en ellipsoïde contracté dans le sens du mouvement.

$$\sqrt{1 - v^2/c^2}$$

L'idée que la matière se contracte avec la vitesse comme le fait le champ électrique de l'électron fait son chemin.

George Frederick Charles Searle[4] poursuit les travaux d'Heaviside et appliquera cette contraction à la matière en mouvement.

En 1887, Woldemar Voigt[5] publie « Sur le principe de Doppler », dans lequel il exigeait la covariance de l'équation d'onde homogène dans des référentiels inertiels, (relativité) et supposait l'invariance de la vitesse de la lumière (2ème postulat d'Einstein) et obtenait des résultats étaient très proches des transformations de Lorentz qui s'en apercevra plus tard.

Il n'est pas impossible qu'Albert Einstein ait eu connaissance de ces travaux indépendamment de ceux de Lorentz et Poincaré.

Les transformations de Lorentz-Poincaré

Hendrik Lorentz[6]

Henri Poincaré[7, 8]

Pour compenser le fait que la vitesse de la Terre n'est pas additive avec celle de la lumière, Lorentz considère que la matière se contracte avec la vitesse comme le champ électrique, ce qui annule la loi d'additivité des vitesses.

Il écrira plus tard : « Ce furent ces considérations publiées par moi en 1904 qui donnèrent lieu à Poincaré d'écrire son Mémoire sur la dynamique de l'électron, dans lequel il a attaché mon nom à la transformation dont je viens de parler. [...] je n'ai pas indiqué la transformation qui convient le mieux.

Cela a été fait par Poincaré et ensuite par MM. Einstein et Minkowski. »

$$\begin{cases} \Delta t' = \dfrac{\Delta t - v\Delta x/c^2}{\sqrt{1 - v^2/c^2}} \\ \Delta x' = \dfrac{\Delta x - v\Delta t}{\sqrt{1 - v^2/c^2}} \\ \Delta y' = \Delta y \\ \Delta z' = \Delta z \end{cases} \quad \text{en posant } \beta = \dfrac{v}{c} \\ \text{et } \gamma = \dfrac{1}{\sqrt{1 - \beta^2}} \\ \text{on obtient} \quad \begin{cases} c\Delta t' = \gamma(c\Delta t - \beta\Delta x) \\ \Delta x' = \gamma(\Delta x - \beta c\Delta t) \\ \Delta y' = \Delta y \\ \Delta z' = \Delta z \end{cases}$$

Hommage à Henri Poincaré

Nous voulons profiter de l'occasion pour rendre hommage à Henri Poincaré qui publia « La science et l'hypothèse » en 1902.[7] Il est plausible et même probable que cet ouvrage ait inspiré Einstein.

En 1902 Poincaré évoque la relativité de l'espace et du temps. Il se rend compte que nous ne savons rien sur la simultanéité ou non des événements. En 1905, Einstein donnera la bonne explication.

Voici un court extrait, important, du chapitre VI de La science et l'hypothèse.

1° Il n'y a pas d'espace absolu, et nous ne concevons que des mouvements relatifs ; cependant on énonce le plus souvent les faits mécaniques comme s'il y avait un espace absolu auquel les rapporter.

2° Il n'y a pas de temps absolu ; dire que deux durées sont égales, c'est une assertion qui n'a aucun sens et qui n'en peut acquérir un que par convention.

3° Non seulement nous n'avons pas l'intuition directe de l'égalité de deux durées, mais nous n'avons même pas celle de la simultanéité de deux événements qui se produisent sur des théâtres différents.

Extrait de Henri Poincaré : une contribution décisive à la Relativité, par Christian Marchal[8]

« Selon ses amis Maurice Solovine et Carl Seelig, Einstein avait lu le livre de Poincaré La Science et l'Hypothèse (pas de temps absolu, pas d'espace absolu, pas d'éther...) pendant les années 1902-1904. Ce livre fut discuté à leur cercle de lecture "Académie Olympia" durant plusieurs semaines »

Nous précisons également que s'il est possible qu'Albert Einstein ait eut des informations sur les travaux de Poincaré, nous sommes néanmoins certains qu'il n'y a pas eu plagiat ni des travaux de Poincaré ni de ceux de Lorentz. Lorentz s'inspire de l'ellipsoïde d'Heaviside, le champ électrique d'un électron, sphérique au repos, qui se transforme en ellipsoïde plus ou moins contracté dans le sens du mouvement en fonction de sa vitesse plus ou moins grande. Comme d'autres avant lui, il suppose que le phénomène s'applique également à la matière à laquelle il applique la même contraction due à la vitesse.

Einstein donne une explication différente, il remarquent que les mesures sur un corps en mouvement sont faussées du fait que pendant le temps que met la lumière pour aller d'un point A à un point B plus loin, le point B s'éloigne à la vitesse v et la distance mesurée est plus importante que la réalité. Au retour du rayon lumineux, le point A au contraire se rapproche et la même longueur mesurée est devenue plus courte que la réalité.

Einstein utilise ce phénomène pour calculer la contraction résultante et retrouve les mêmes valeurs que Lorentz.

Ce qui est extraordinaire c'est que personne à notre connaissance n'en a jamais parlé.

Einstein 1905 l'année merveilleuse

En 1905 Einstein publie quatre articles[9], tous importants, dont De l'électrodynamique des corps en mouvement rebaptisé plus tard relativité restreinte. Titre à notre avis inadapté puisqu'il parle de l'électromagnétisme auquel il applique la relativité de Galilée sans restreindre en quoi que ce soit le principe de relativité. Ce sera un nouveau mouvement auquel la relativité sera appliquée, généralisée si vous voulez, mais jamais restreinte.

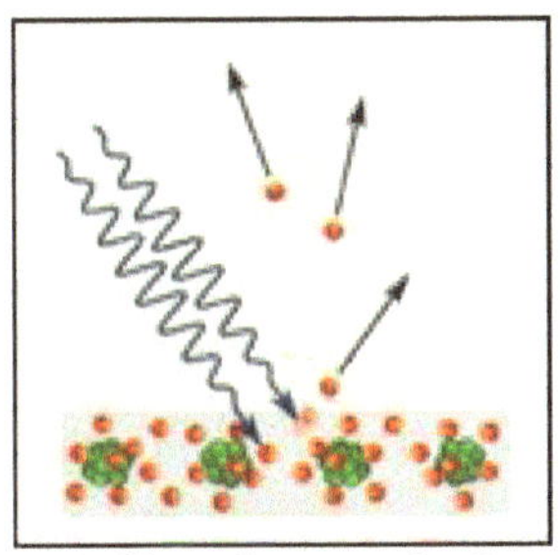

1) Effet photovoltaïque
Prix Nobel

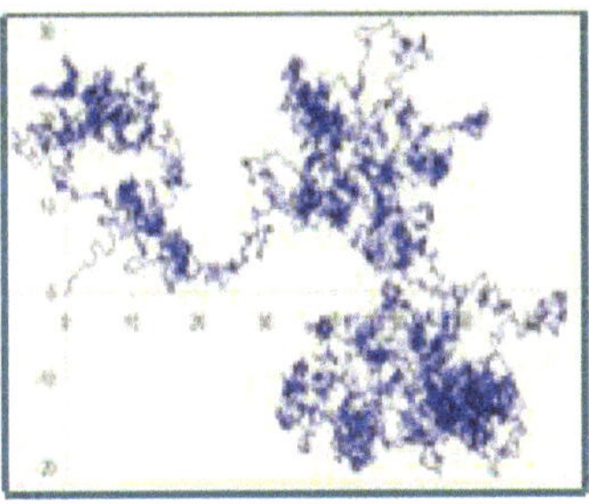

2) Le mouvement brownien

3) De l'électrodynamique.
des corps en mouvement.

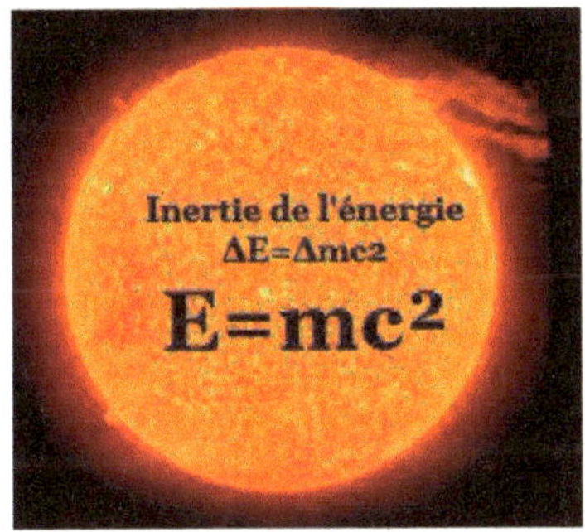

4) $E = mc^2$.

Trois des articles seront bien accueillis et celui sur l'effet photoélectrique utilisé par nos panneaux solaires lui vaudra même le prix Nobel.

L'article « De l'électrodynamique des corps en mouvement » provoquera une levée de boucliers de la plupart des physiciens de l'époque. L'abandon de l'éther était inconcevable, et Einstein admettait lui-même que ses postulats étaient discutables.

Ce n'était donc pas Einstein qui était attaqué mais cet article. Ceux qui ont prétendu qu'il avait copié Lorentz se sont trompés. Ils ont révélé les difficultés à bien comprendre cet article qui utilise un phénomène entièrement différent de celui de la contraction de la matière avec la vitesse utilisé par Lorentz. Einstein utilise le fait que lorsqu'on mesure un objet en mouvement à la vitesse v, le temps supplémentaire que met la lumière pour atteindre les points les plus éloigné qui s'éloignent pendant ce temps, et au retour détecter les plus près qui se rapprochent, donne des mesures faussées. Le résultat est similaire au phénomène supposé de la contraction de la matière avec la vitesse.

Si on donne raison à Einstein, cette contraction résulte de ce qu'il appelle la désynchronisation des horloges, le moment où les mesure sont faites dépend de la distance séparant les points dans le sens du mouvement. Les mesures observées sur les corps en mouvement de ce fait sont fausses.

Ce n'est pas facile à expliquer. Probablement que ceux qui ont compris, comme Einstein, y ont renoncé.

La relativité c'est et ce sera toujours Galilée. L'apport d'Einstein fut de généraliser le principe de relativité aux objets en chute libre, c'est à dires aux corps célestes en mouvement dans un champ gravitationnel, comme la Terre et les planètes et tous les corps célestes.

De l'électrodynamique des corps en mouvement

En introduction, Einstein pose deux postulats :
Pour éviter toute confusion nous le citons.

« Il est connu que si nous appliquons l'électrodynamique de Maxwell, [.] nous sommes conduits à une asymétrie qui ne s'accorde pas avec les phénomènes observés. [.] L'influence mutuelle d'un aimant et d'un conducteur. [.] Si l'aimant se déplace et que le conducteur est au repos, [on obtient le même résultat que] si l'aimant est au repos et le conducteur mis en mouvement ».[10]

Vous pouvez vérifier dans l'article traduit en Français en référence. Maxwell à deux équations selon que c'est l'aimant (équation de Faraday) ou le fil (équation d'Ampère) que l'on déplace. Elles sont identiques au premier ordre. La différence porte sur la vitesse de l'objet déplacé, quelques dizaines de mètre par seconde par rapport à la vitesse de la lumière, 300 millions de mètres par seconde, donc négligeable.

« Dans le texte qui suit, nous élevons cette conjecture au rang de postulat (que nous appellerons dorénavant « principe de relativité ») et introduisons un autre postulat — qui au premier regard est incompatible avec le premier — que la lumière se propage dans l'espace vide, à une vitesse V indépendante de l'état de mouvement du corps émetteur. [C'est une propriété des ondes, leur vitesse dépend de leur support] Il sera démontré que l'introduction d'un « éther luminifère » est superflu, [.] Dans la formulation de toute théorie, nous devons composer avec les relations entre les corps rigides (système de coordonnées), les horloges et les phénomènes électromagnétiques. Une appréciation insuffisante de ces conditions est la cause des problèmes auxquels se heurte présentement l'électrodynamique des corps en mouvement. » [10]

Quant au second postulat, Einstein précise qu'il contredit « à première vue » la relativité du mouvement des ondes électromagnétiques dont fait partie la lumière.

Einstein applique donc la relativité du mouvement aux phénomènes électromagnétiques. Nous allons examiner son premier chapitre que nous limiterons aux trois premiers paragraphes.

Partie cinématique

§1. Définition de la simultanéité

[.] Si nous voulons décrire le mouvement d'un point matériel, les valeurs de ses coordonnées doivent être exprimées en fonction du temps. [.] si nous disons « qu'un train arrive ici à 7 heures », cela signifie « que la petite aiguille de ma montre qui pointe exactement le 7 et que l'arrivée du train sont des évènements simultanés ». [.]

Einstein mesure une tige rigide AB de longueur L. Il place des horloges synchronisées à ses deux extrémités. Un observateur émet un rayon lumineux depuis le point A au temps t_A, qui est réfléchi au point B au temps t_B et qui revient en A au temps t'_A. Des observateurs vérifient l'immobilité des horloges qui ne se sont pas déplacées pendant la mesure. Les deux horloges sont synchronisées si Le temps aller est égal au temps de retour

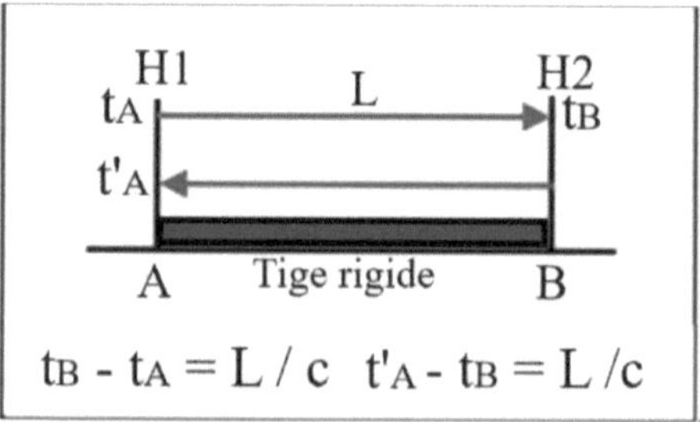

En accord avec l'expérience, nous ferons donc l'hypothèse que la grandeur V est une constante universelle (la vitesse de la lumière dans l'espace vide).[10]

$$\frac{2\overline{AB}}{t'_A - t_A} = V,$$

Einstein utilise V pour la vitesse de la lumière, c sera utilisé plus tard.

Nous venons de définir le temps à l'aide d'une horloge au repos dans un système stationnaire. Puisqu'il existe en propre dans un système stationnaire, nous appelons le temps ainsi défini « temps du système stationnaire ».

§ 2. Sur la relativité des longueurs et des temps

Soit une tige rigide au repos ; elle est d'une longueur L quand elle est mesurée par une règle au repos. [.] Imprimons à la tige une vitesse uniforme v, parallèle à l'axe des x et dans la direction croissante des x. Quelle est la longueur de la tige en mouvement ? Elle peut être obtenue de deux façons :

a) L'observateur pourvu de la règle à mesurer se déplace avec la tige à mesurer et mesure sa longueur en superposant la règle sur la tige, comme si l'observateur, la règle à mesurer et la tige sont au repos[10]

b) L'observateur détermine à quels points du système stationnaire se trouvent les extrémités de la tige à mesurer au temps t, se servant des horloges placées dans le système stationnaire. [10]

Selon le principe de relativité, la longueur trouvée par l'opération a), que nous appelons la « longueur de la tige dans le système en mouvement », est égale à la longueur l de la tige dans le système stationnaire.[10]

Ici, Einstein écrit que la mesure de la tige en mouvement par l'observateur qui est en mouvement avec elle, l'opération « a » donne le même résultat que lorsque la tige est immobile. C'est logique, l'observateur accompagne la Tige et donc il est immobile avec elle.

La longueur trouvée par l'opération « b » peut être appelée la « longueur de la tige (en mouvement) dans le système stationnaire ». Cette longueur diffère de L.

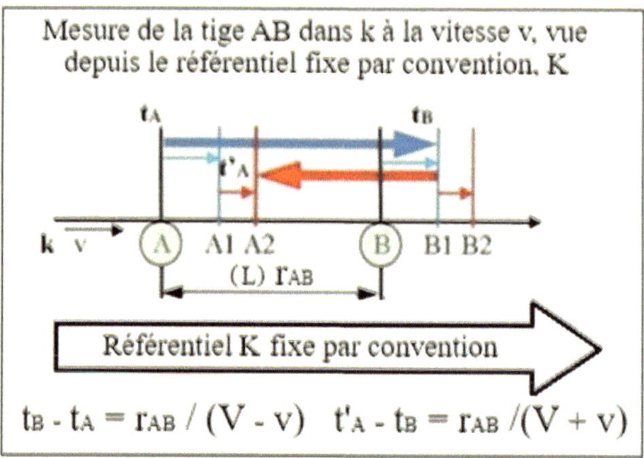

Nous avons fait un schémas avec la tige dans le référentiel k. L'observateur est dans le référentiel K que nous avons décalé pour une meilleure lisibilité.

r_{AB} est la longueur de la tige en mouvement, mesurée dans le système stationnaire. (K). La longueur de la tige n'est plus L mais r_{AB} Vu du référentiel immobile, le rayon lumineux parti de A poursuit le point B qui s'éloigne à la vitesse v, d'où le V - v. Au retour, A, se déplace à la vitesse v en direction du rayon lumineux qui revient et les vitesses s'ajoutent : V + v.

« *Nous en concluons que nous ne pouvons pas attacher une signification absolue au concept de simultanéité. Dès lors, deux évènements qui sont simultanés lorsque observés d'un système ne seront pas simultanés lorsque observés d'un système en mouvement relativement au premier.* » [10]

§ 3. Théorie de la transformation des coordonnées
et du temps

Nous avons anticipé dans les explications du 2ème paragraphe. Le système k est animé d'une vitesse v dans la direction croissante de l'axe des x et le système K est stationnaire par convention. L'espace est mesuré par la règle de K avec les coordonnées x, y, z et le temps t. Dans le système en mouvement k ce sont les coordonnées ξ, η, ζ et le temps τ.

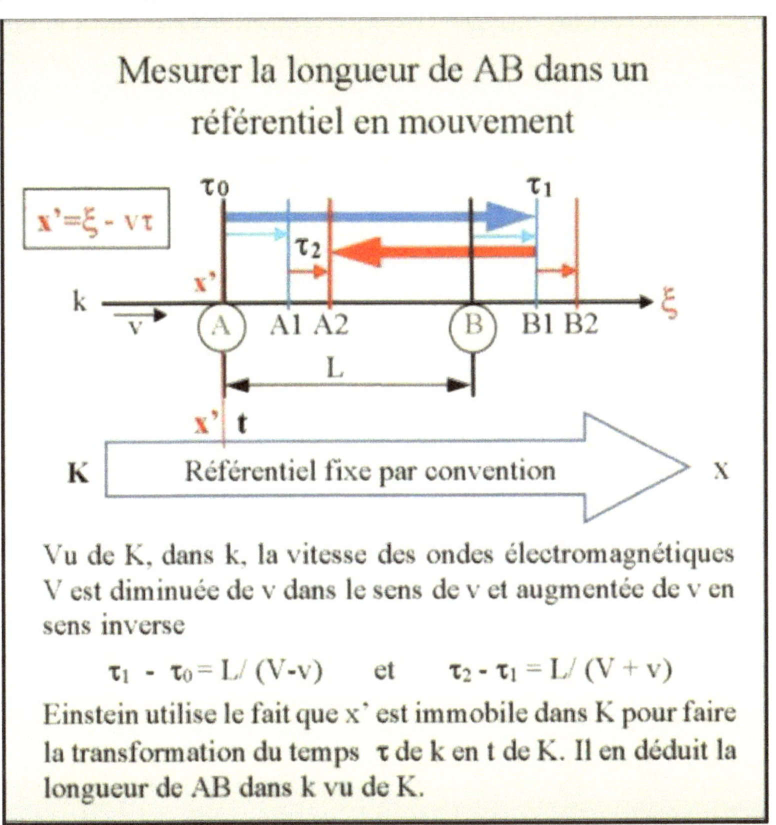

Posons le point x' dans k qui se déplace à la vitesse -v. Comme k se déplace à + v par rapport à K, x' est immobile dans K et permet de transférer les données de k dans K

Pour un point au repos dans le système k, il y a un système de valeurs x', y, z indépendant du temps. Trouvons τ comme fonction de x', y, z, t, c'est le temps donné par les horloges au repos dans le système k.

Un rayon lumineux envoyé à τ0 de l'origine du système k (Où se trouve le point A de la tige à mesurer) est réfléchi au point B de cette Tige cet endroit à τ1 et revient en A, à τ2. Alors, nous avons :

$$\frac{1}{2}(\tau_0 + \tau_2) = \tau_1$$

(Au §1 nous avions τ0 = tb -ta et τ2= t'a – tb. τ0 et τ2 sont égaux et τ1 est la moyenne). Au §2 τ0 est plus grand, B s'éloigne à la vitesse v et τ2 plus petit, A se rapproche à la vitesse v.)

Si nous introduisons comme condition que τ est une fonction des coordonnées, et appliquons le principe de la constance de la vitesse de la lumière dans le système stationnaire, nous avons

Origine A   τ0 B   τ2 A   =   τ1
                                 s'éloigne   se rapproche

$$\frac{1}{2}\left[\tau(0,0,0,t) + \tau\left(0,0,0,\left\{t + \frac{x'}{V-v} + \frac{x'}{V+v}\right\}\right)\right] = \tau\left(x',0,0,t + \frac{x'}{V-v}\right)$$

Il s'ensuit donc, lorsque x' est infiniment petit :

Il s'ensuit donc, lorsque x' est infiniment petit :

$$\frac{1}{2}\left(\frac{1}{V-v} + \frac{1}{V+v}\right)\frac{\partial\tau}{\partial t} = \frac{\partial\tau}{\partial x'} + \frac{1}{V-v}\frac{\partial\tau}{\partial t}$$

$$\text{ou}\quad \frac{\partial\tau}{\partial x'} + \frac{v}{V^2-v^2}\frac{\partial\tau}{\partial t} = 0.$$

Arrivé à ce point nous ne détaillerons pas les calculs d'Einstein qui mènent aux mêmes résultats que les transformations de Lorentz, ils sont dans l'article d'Einstein que vous pouvez consulter sur le site d'Etienne Klein.[10]

Rapport avec l'expérience de Michelson et Morlaix

Nous attirons votre attention sur un détail intéressant, la tige rigide en mouvement c'est le bras de l'interféromètre de Michelson et Morley[2] qui se déplace à 30 km/s par rapport au référentiel de l'éther et qui ne détecte aucun mouvement.

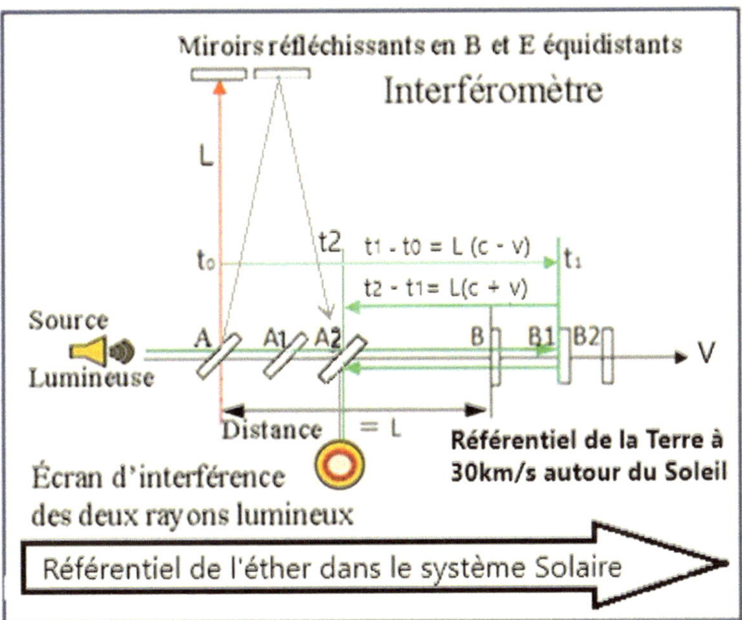

Les deux bras de l'interféromètre on la même longueur L. Ici, l'équivalent de la tige à mesurer est A à B avec B qui se déplace en B' à l'aller et A qui se déplace jusqu'en en A2 au retour. On retrouve les équations d'Albert Einstein.

La différence est que Michelson et Morley cherchaient à mettre en évidence le déplacement de la Terre par rapport à l'éther.

Einstein fait ses calculs indépendamment de l'éther. En décrétant que la vitesse de la lumière est la même dans tous les référentiels inertiels Einstein démontre que la contraction hypothétique de la matière n'existe pas. Dans le référentiel de la Terre en mouvement par rapport au référentiel hypothétique de l'éther la Tige AB accompagnant la Terre ne s'est pas contractée.

D'ici à en conclure que l'éther n'existe pas est compréhensible puisqu'il devrait être à la fois dans le référentiel du système Solaire et dans celui de la Terre.

En les appelant les transformations de Lorentz on maintien une ambiguïté. On devrait les appeler les transformations d'Einstein. Mais, il semble que l'on continue à croire que la matière se contracte avec la vitesse., on utilise encore cet argument pour expliquer le fait que le jumeau voyageur vieillit moins que son frère resté sur Terre. On oublie même qu'Einstein a dit que s'il revenait moins vieux, ce n'était pas du fait de sa vitesse mais de ses changements de référentiels. Il est vrai qu'il n'a pas été très clair sur ce sujet, probablement très agacé.

Il est nécessaire de comprendre que ces changements de référentiel ne sont pas instantanés. Il faut au départ accélérer fortement pour atteindre une vitesse proche de celle de la Lumière, et une forte accélération comme une forte gravité ralentit l'écoulement du temps. Ensuite il faut freiner et l'accélération inverse fait de même. On peut négliger le demi-tour à basse vitesse et il faut de nouveau accélérer puis à l'arrivée freiner de nouveau.

On peut alors se poser la question de l'écoulement du temps dans un référentiel à vitesse constante et sans accélération. Il est plus rapide que sur Terre sous $9,81$ m/s^{-2}. D'ici que le voyageur revienne plus vieux ?

La relativité générale, L'éther d'Einstein

En 1907, Albert Einstein à fait de la chute libre dans un champ gravitationnel un mouvement inertiel. L'Idée la plus heureuse qu'il ait eut selon lui[11]. Le genre d'idée impossible lorsque l'on sait que la Terre tourne autour du Soleil mais qui devient évidente quand on sait pourquoi Aristote s'est trompé et que son erreur de l'immobilité de la Terre a résisté près de 1900 ans. Pour bien comprendre que les corps célestes sont en chute libre, l'image du canon de Newton aide à visualiser cette chute.

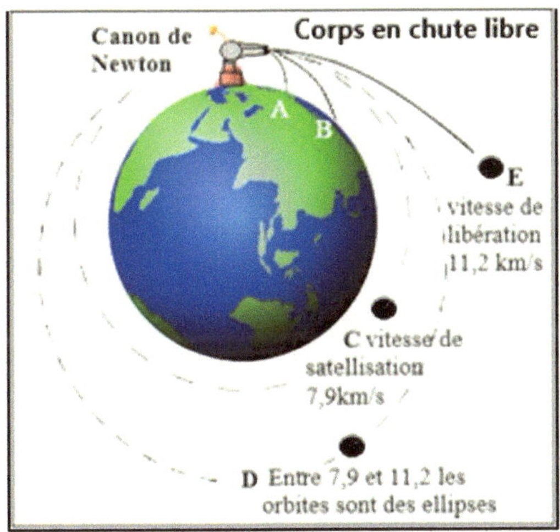

A une vitesse insuffisante les obus retombent sur Terre en A et B. La vitesse de satellisation les fait tourner sur un cercle en C. Plus vite sur une ellipse en D et à la vitesse de libération ils échappent à l'attraction terrestre en E.

Cela, plus l'équivalence entre la gravitation et l'accélération le conduira en 1915 à la relativité générale. Elle donne l'information sur le temps que met la gravitation à se propager dans l'espace, et les ondes gravitationnelles qui se déplacent à la vitesse de la lumière. Malheureusement elle ne dit pas ce qui transporte cette force. Les physiciens de l'époque sont revenus à la charge avec l'éther luminifère et Einstein a réalisé qu'il en avait besoin, pour traiter le problème.

En 1920, Einstein était reçut à l'université de Leyde où son ami Lorentz exerçait. Il fit un discours de réception où il rétablissait l'éther. Il y avait eu des débats violents à ce sujet.

Il reprit l'essentiel du nouvel éther de Lorentz débarrassé des propriétés mécaniques, mais réfuta son immobilité dans le référentiel du système solaire.

« Le « nouvel éther » ne peut être rigide ni au repos, »

(notre premier indice).
Sous la pression de Philipp
 Lenard, il dote l'espace d'un champ d'état interagissant avec la matière et influencé par elle.

« Interaction avec la matière » (notre deuxième indice)

Matière et énergie interagissent, c'est la gravitation !

Conclusion du discours

« En résumé, nous pouvons dire, d'après la théorie de la relativité générale, que l'espace est doté de propriétés physiques ; et donc, que l'éther existe. [...] Un espace sans éther est inconcevable, non seulement la propagation de la lumière y serait impossible, il n'y aurait même aucune possibilité d'existence [...] de distances spatio-temporelles [...] Cependant, la notion de mouvement ne doit pas lui être appliquée. »

Ce discours sera publié en 1921 sous le titre : » L'éther et la théorie de la relativité »[12]

Einstein rejette l'éther

En 1938, dans le livre « L'évolution des idées en physique » co-écrit avec Léopold Infeld[13], Einstein renonce à l'éther. Il demande de ne plus jamais prononcer ce mot ! Heureusement, quelques lignes plus loin, il se ressaisi et écrit :

« l'omission d'un mot de notre vocabulaire n'est pas un remède, nos troubles sont en fait trop profonds pour être apaisés de cette manière »

Donc, il reconnait que l'absence d'éther pose un problème. Il n'a pu lui attribuer de mouvement, vouloir le rendre immobile dans tous les référentiels est « au premier regard » impossible et absurde. Nous l'avons déjà dit.

Tous les référentiels des corps célestes sont en chute libre et la matière chute à la même vitesse quel que soit sa masse, même une masse si faible qu'elle serait actuellement indétectable.

Avant de faire admettre l'existence d'un support pour les ondes électromagnétiques. Il faut qu'il y ait accord avec ce que dit Einstein à la fin de son paragraphe 2 de l'article de 1905 [10] :

Nous en concluons que nous ne pouvons pas attacher une signification absolue au concept de simultanéité. Dès lors, deux évènements qui sont simultanés lorsque observés d'un système ne seront pas simultanés lorsque observés d'un système en mouvement relativement au premier.

Cette non-simultanéité fausse les mesures. Les longueurs dans un objet en mouvement sont inchangées, les passagers peuvent le vérifié. C'est la non-simultanéité des mesure faite depuis un autre référentiel qui se déplace à une vitesse différent et qui attribue cette vitesse à l'objet qu'il observe. La relativité nous dit qu'il n'est pas possible de savoir lequel des deux est en mouvement ou même si ce ne serait pas la somme de leurs mouvements qui serait à prendre en compte. Il devient clair que nos observations des objets en mouvement peut être trompeuse. « Le mouvement relatif est comme rien », nous a expliqué Galilée.

De nombreux indices suggèrent que l'espace n'est pas vide de tout. Des paires de particules de matière et d'antimatière en jaillissent, elles se désintègrent rapidement et retournent dans ce « vide », d'où elles sont sorties. Ce vide qui, nous le savons maintenant, contient une grande quantité d'énergie, l'énergie du vide, un oxymore stupéfiant !

Effet Casimir : Pression exercée par le « vide » sur deux plaques très proches. En 1948, Hendrik Casimir a prédit, à partir des fluctuations quantiques du vide, que deux plaques très proches l'une de l'autre se rapprocherait du fait que la pression entre elles n'aurait pas les longueurs d'ondes supérieures à son écartement alors que ces grandes longueurs d'onde feraient pression à l'extérieur. La pression du vide ! Vous rendez-vous compte ce que le refus de l'éther conduit à affirmer ?

Effet Unruh : il décrit le rayonnement de corps noir visible par un observateur en mouvement uniformément accéléré. Il a été calculé en 1976 par William Unruh de l'université de la Colombie-Britannique, mais pour le moment il n'a jamais été observé. Il est expliqué par les fluctuations du « vide » quantique. La fréquence des particules virtuelles se décale à la suite du déplacement accéléré de l'observateur, selon un mécanisme proche de l'effet Doppler. Il a fait suite à l'évaporation des trous noirs découverte par Stephen Hawking dont il partage l'analogie cinématique, le principe d'équivalence d'Einstein indique que les effets (locaux) d'un champ gravitationnel sont semblables aux effets d'une accélération uniforme.

Nouvelle hypothèse

Nous avons une hypothèse en mesure d'expliquer ce mouvement de l'éther impossible. Le plus extraordinaire c'est qu'il suffit d'appliquer la relativité générale à l'éther. Einstein a encore gagné. Comment est-possible ? Einstein à découvert en 1907 que la chute libre dans un champ gravitationnel est un mouvement relatif. Tous les corps célestes de l'univers sont d'une façon ou d'une autre en chute libre, ou en mouvement inertiel relatif au loin de tout champ gravitationnel.

Nous en déduisons qu'un support des ondes électromagnétiques constitué de corpuscules, nous dirons à la Newton, ayant une masse très faible et indétectable obéira lui aussi à la chute des corps qui se fait à la même vitesse quel que soit leur masse. Merci à Galilée, ces corpuscules, donc sont attirés par les corps célestes et les accompagnent dans leurs chutes libres.

Nous vous proposons une pause. Cela demande un instant de réflexion et évidement un deuxième regard.

Supposons que l'éther, obéisse aux lois de la gravitation, soit en langage relativiste « l'éther suit les géodésiques de l'espace-temps », et donc accompagne tous les corps en chute libre et tombe à la même vitesse, indépendante de leurs masses.

A proximité de la Terre, localement, l'éther est immobile dans le référentiel de la Terre, et c'est valable pour tous les corps célestes, Mars, Vénus, le Soleil, la Galaxie etc.

Serait-ce si facile et aussi simple ! ?

Cette hypothèse valide le fait que la vitesse de la lumière soit la même dans tous les référentiels, le 2ème postulat d'Albert Einstein.

Les supports des ondes liquides ou sonores sont constitués de particules en agitation constante, les atomes et les molécules, qui transportent des variations de pression sous forme de vibrations transmises de proche en proche.

L'étude de la thermodynamique par Maxwell et Boltzmann nous donne des équations basées sur les probabilité de vitesse et direction des atomes et molécules, c'est déjà de la mécanique quantique.

L'éther d'Einstein est en chute libre avec tous les corps célestes de   l'univers. Pas de frottement. De plus, il accompagne chaque corps céleste dont l'attraction l'attire également.

Le deuxième postulat d'Einstein est validé. Einstein avait raison de dire qu'il contredisait le principe de relativité « au premier regard ». Nous sommes fiers de l'avoir regardé à nouveau. Sous réserve évidement d'expériences de nature à confirmer cette hypothèse.

Des expérience avec des référentiels exempts de masses importante seront proposées pour vérifier si la vitesse de la lumière reste constante dans ces référentiels ou reste associée à celui de la Terre. Si elle reste associée au référentiel de la Terre notre hypothèse aura fait un pas en avant, pas trop grand au cas ou nous serions trop près du vide.

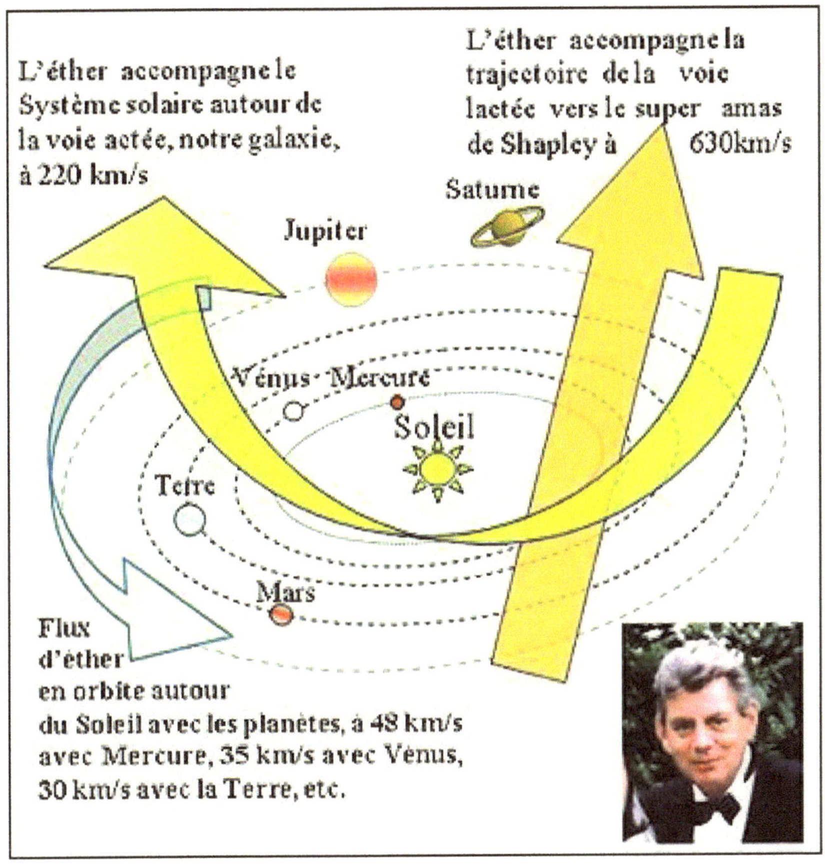

Trop simple, si cela est prouvé, d'ici peu de temps tout le monde dira que c'était évident. Non, un support dont le mouvement s'adapte avec le mouvement des corps célestes dans l'univers, c'est stupéfiant. Einstein lui-même avait toutes les données et ne la pas trouvé. Néanmoins, cette découverte, si elle est validée lui revient de plein droit.

René Descartes

Descartes rejette la théorie du vide, car il n'est pas possible que ce qui n'est rien, ait de l'extension. Ainsi, selon Descartes, si un vase est vide d'eau, il est plein d'air, et s'il était vide de toute substance, ses parois se toucheraient. (la bouteille imploserait)

En ce qui concerne le mouvement des planètes, Descartes exclut une action à distance du Soleil, cette idée ne reposant à l'époque sur aucun fondement rationnel. Il s'oppose à un espace vide et le remplit d'éther tourbillonnant autour du soleil et provoquant le mouvement des planètes.[14]

Dans la théorie de Descartes, l'éther entraîne la Terre et se déplace avec elle. Localement. Il n'y a pas de mouvement entre la Terre et l'éther et l'éther n'est plus un référentiel absolu.

La Nuit étoilée Vincent van Gogh[15]

Exemple de lien entre la cosmologie et l'art. Nuit étoilée à Saint-Rémy-de- Provence de Vincent van Gogh, qui pourrait illustrer les tourbillons de Descartes, et dont nous parle Jean Pierre Luminet.

Les expériences à réaliser

Satellites en orbite dans le plan de l'écliptique

Remplaçons la tige rigide AB par deux micros-satellites, A et B distants de 2000 km. Si l'éther accompagne la Terre, mais pas le référentiel AB des satellites, l'éther ne sera pas immobile dans ce référentiel qui ne contient aucune masse qui lui soit associée sur les 2000 km, à part les satellites à ses deux extrémités qui sont de faibles masses. Sa vitesse par rapport à l'éther liée à la Terre sera détectable dans ce référentiel AB à 8km/s par rapport à la Terre.

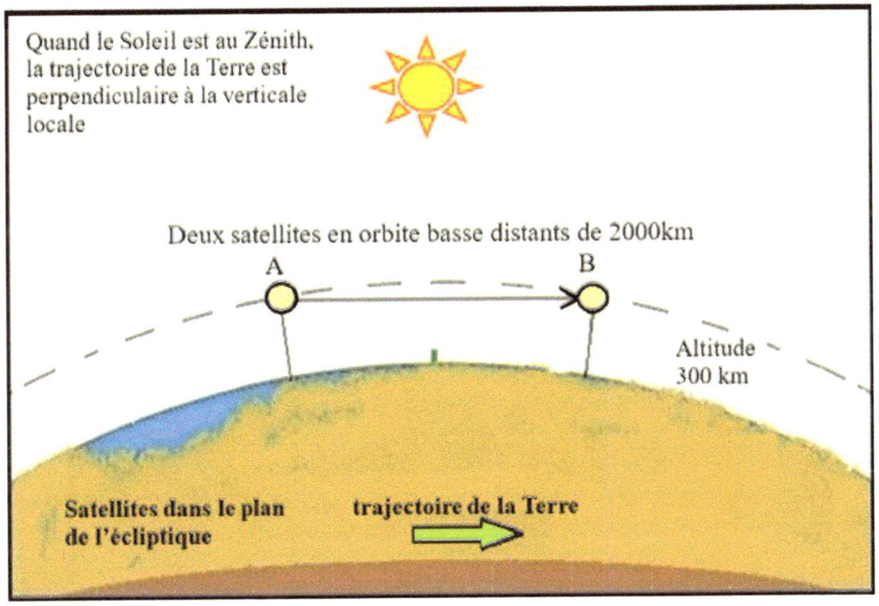

Le top : une sonde sur l'orbite de la Terre
En sens inverse

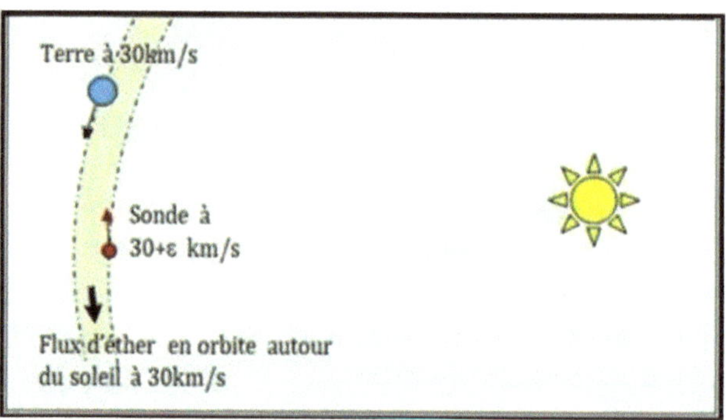

Ce sera l'expérience déterminante. Une grande énergie serait à fournir. Un demi-tour autour de Jupiter ?

Le plus simple !

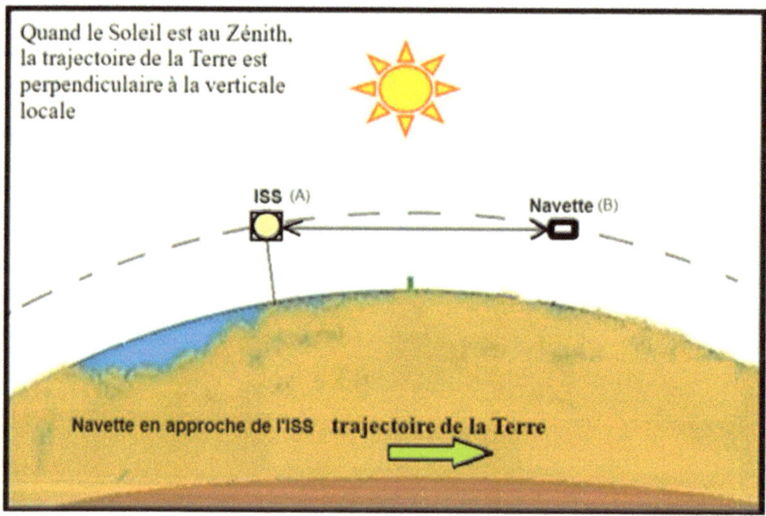

Lorsqu'un équipage rejoint ou quitte l'ISS, il peut se trouver dans une position d'approche favorable à environ 2000 km de l'ISS, parallèle au déplacement de la Terre autour du soleil. C'est tellement simple que ce serait dommage de ne pas essayer.

A quoi pourrait ressembler l'éther ?

Nous ne sommes plus à une hypothèse près. Bien sûr, ce qui est important est de vérifier si un éther accompagnant les corps célestes en chute libre est envisageable.

Le support des ondes liquides dont le mot onde est issu est constitué des molécules d'eau. Un caillou jeté dans l'eau compresse les molécules qui sont en dessous de lui et qu'il pousse vers le fond. Ces molécules s'échappent sur les côté et repoussent les molécules voisines vers la surface où elles forment la première vague. Puis cette vague retombe et repousse les molécules suivantes vers le haut. Ce sont des oscillations stationnaires qui se bousculent de proche en proche. L'onde se propage alors que les molécules d'eau après s'être bousculées ont repris leur place initiale. Les pêcheurs voient leurs bouchons flottants, monter et descendre tout en restant sur place. Il n'y a pas propagation de matière. Il en va de même avec les molécules d'air ou de différents matériaux pour les sons.

Le rapport de grandeur entre les molécules qui propagent les ondes et notre échelle de mesure est de l'ordre du nombre d'Avogadro : 10^{-23}.

Max Planck a résolu le mystère du rayonnement du corps noir en décomposant son rayonnement électromagnétique en un grand nombre d'oscillateurs individuels utilisant tous la même quantité d'énergie, très faible mais non nulle, multipliée par leur fréquence. Il en a calculé la valeur, qui, en s'additionnant reproduit de façon remarquable, la courbe de rayonnement du corps noir mesurée expérimentalement.

Imaginons que ce quantum d'énergie corresponde à l'énergie transmise par choc entre deux corpuscules vibrant à la vitesse des ondes électromagnétiques. Cette masse correspondrait à la quantité de d'énergie cinétique de la particule qui conduirait au quantum d'action de Max Planck h. Quoi de mieux qu'un corpuscule d'Isaac

Newton pour expliquer la transmission de la gravitation ? Rassurez-vous, nous n'e sommes pas là, mais nous passons le relais aux physiciens.

Le mouvement d'ensemble en chute libre résout le problème du frottement, ils se déplacent à la même vitesse que le corps céleste qu'ils accompagnent.

En ce qui concerne les photons, rebaptisés paquets d'ondes, ils seraient en fait constitués d'un nombre de ces corpuscules égalant leur fréquence.

La longueur de Planck est souvent considérée comme une limite théorique pour la longueur d'onde la plus courte ou la distance la plus petite que nous pouvons mesurer avec notre compréhension actuelle de la physique. Cette longueur est d'environ 1.616×10^{-35} mètres.

Les lois de la thermodynamique

Maxwell, Boltzmann et quelques autres ont étudié les mouvements des molécules des gaz en fonction de la température et de la pression et ont obtenus des résulta précis pour des nombres de molécules ou atomes gigantesques. C'est au-delà de notre compréhension mais les spécialistes de la mécanique quantique devraient être à l'aise avec ces formules.

La lumière blanche serait composée d'environ 10^{15} Corpuscules, les rayons gamma montraient jusqu'à 10^{24}. Nous sommes dans l'ultra minuscule. Nous imaginons comme un nuage très dense et concentré de vibrations. Des photos très impressionnantes, donnent une idée du déplacement de ces vibrations.

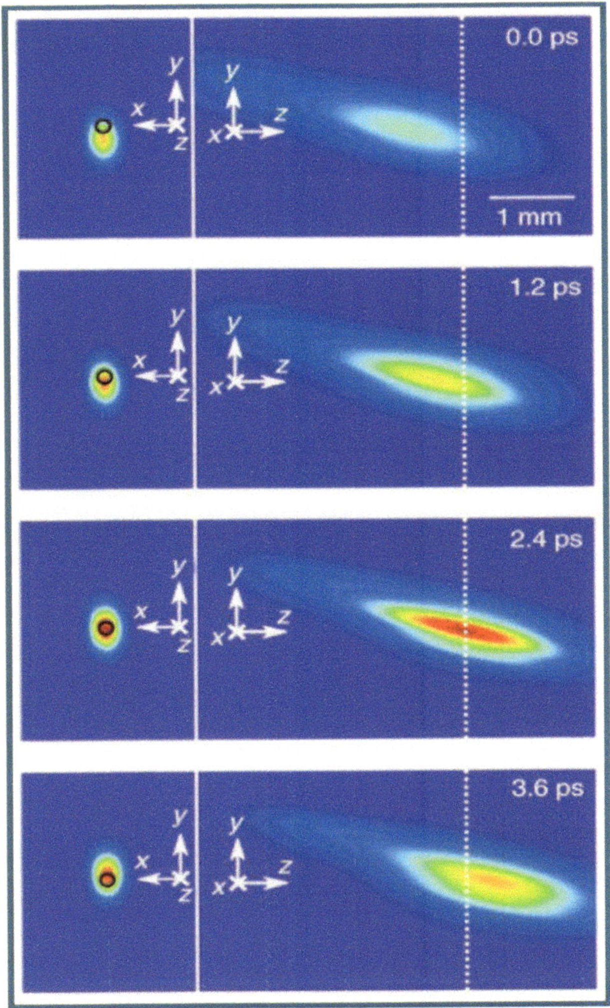

Imagerie femtoseconde en temps réel à prise unique
de la focalisation temporelle [16]

Les spécialistes de la mécanique quantique ont là matière à réflexion sur l'unification avec la relativité générale.

Et après ?

Notre espoir est qu'un directeur de recherche s'intéresse à cette question et reproduise une de nos expériences proposées ou une autre s'il a mieux, afin de savoir si la lumière accompagne les corps célestes, la Terre dans un premier temps.

Notre hypothèse d'un support des ondes électromagnétiques constitué de corpuscules de masse m de sorte que leur quantité de mouvement soit égale à h pourrait intéresser la gravitation quantique à boucles.

L'un des résultats fondamentaux de cette théorie est que l'espace-temps présente une structure discrète (par opposition au continuum espace-temps de la relativité générale) : les aires et les volumes d'espace sont quantifiés ainsi que le temps. La notion d'espace est en quelque sorte remplacée par la notion de grains primitifs, sortes d'atomes d'espace ou, plus exactement, de quanta du champ gravitationnel, reliés entre eux par des liens caractérisés par un spin (spin de lien) d'où le nom de réseau de spin (spin network).[17]

Ce lien pourrait être gravitationnel ce qui repousserait encore un peu plus loin dans l'infiniment petit la solution.

A ce niveau, nous avons largement dépassé nos limites, noud espérons juste que notre approche puisse ouvrir de nouvelles pistes dans la jungle de l'univers.

Références

1) https://fr.wikipedia.org/wiki/%C3%89ther_(physique)

2) http://clea-astro.eu/lunap/Relativite/RelatRestApprof2.html

3) https://fr.wikipedia.org/wiki/Oliver_Heaviside

4) https://fr.wikipedia.org/wiki/George_Frederick_Charles_Searle

5) https://fr.wikipedia.org/wiki/Woldemar_Voigt

6) https://fr.wikipedia.org/wiki/Hendrik_Lorentz

7) https://fr.wikisource.org/wiki/La_Science_et_l%E2%80%99Hypo th%C3%A8se/Chapitre_6 (ligne 16 et +)

8) https://www.annales.org/archives/x/poincare7.html   Christian Marchal

9) https://fr.wikipedia.org/wiki/Annus_mirabilis_d%27Albert_Einstein

10) https://etienneklein.fr/wp-content/uploads/2016/01/De-l%C3%A9lectrodynamique-des-corps-en-mouvement.pdf

11) https://theconversation.com/einstein-et-les-ondes-gravitationnelles-une-heureuse-idee-vraiment-54706

12) Livre : Albert Einstein, « L'éther et la théorie de la relativité. La géométrie et l'expérience » (M. Solovine, Trad.). Paris : Gauthier-Villars. 3e édition 1964

13) L'évolution des idées en physique vient d'être réédité.

14) https://fr.wikipedia.org/wiki/Théories_scientifiques_de_Descarte s

15) https://fr.wikipedia.org/wiki/La_Nuit_%C3%A9toil%C3%A9e_(1 889)

16) https://www.nature.com/articles/s41377-018-0044-7.pdf Single-shot real-time femtosecond imaging of temporal focusing

17) https://fr.wikipedia.org/wiki/Gravitation_quantique_%C3%A0_b oucles

Table des matières